解密**经典**兵器

移动的海洋要塞——
航空母舰

★★★★★ 崔钟雷 主编

吉林美术出版社 | 全国百佳图书出版单位

前言
QIAN YAN

　　世界上每一个人都知道兵器的巨大影响力。战争年代,它们是冲锋陷阵的勇士;和平年代,它们是巩固国防的英雄。而在很多小军迷的心中,兵器是永恒的话题,他们都希望自己能成为兵器的小行家。

　　为了让更多的孩子了解兵器知识,我们精心编辑了这套《解密经典兵器》丛书,通过精美的图片为小读者还原兵器的真实面貌,同时以轻松而严谨的文字让小读者在快乐的阅读中掌握兵器常识。

编　者

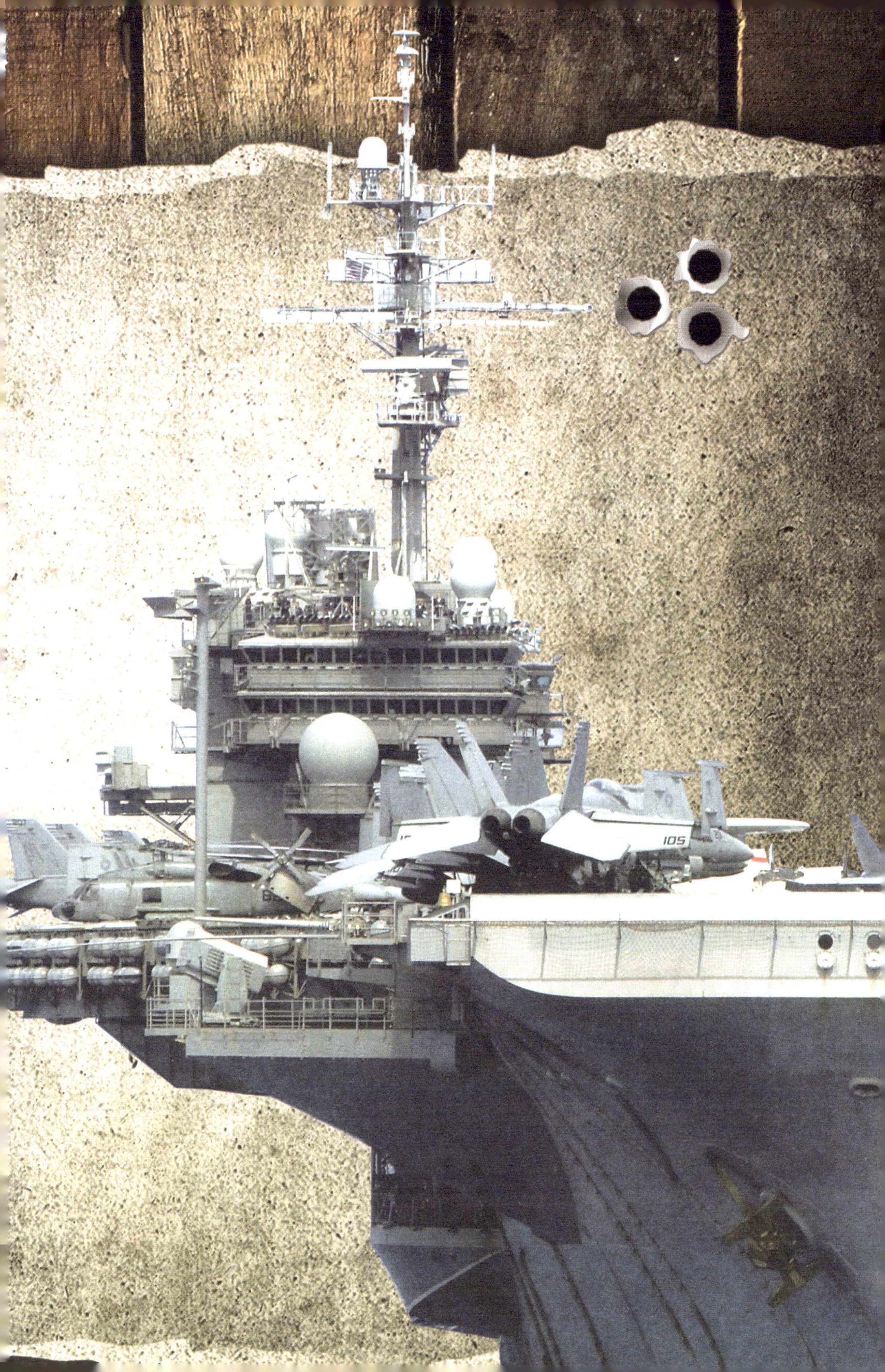

目录 MULU

第一章 美国航空母舰

32 "林肯"号航空母舰

36 "华盛顿"号航空母舰

42 "斯坦尼斯"号航空母舰

48 "杜鲁门"号航空母舰

52 "里根"号航空母舰

58 "布什"号航空母舰

8 "企业"号航空母舰

12 "尼米兹"号航空母舰

16 "艾森豪威尔"号航空母舰

22 "卡尔·文森"号航空母舰

28 "罗斯福"号航空母舰

第二章 苏联航空母舰

64 "基辅"号航空母舰

68 "明斯克"号航空母舰

72 "库兹涅佐夫"号航空母舰

第三章 英国航空母舰

76 "无敌"号航空母舰

80 "卓越"号航空母舰

84 "皇家方舟"号航空母舰

第四章 其他国家航空母舰

- 88 法国"戴高乐"号航空母舰
- 92 法国"克莱蒙梭"号航空母舰
- 96 意大利"加里波第"号航空母舰
- 100 意大利"加富尔"号航空母舰
- 104 印度"维拉特"号航空母舰
- 108 西班牙"阿斯图里亚斯亲王"号航空母舰

第一章
美国航空母舰

解密经典兵器

"企业"号航空母舰

服役情况

"企业"号航空母舰（CVN-65）是"企业"级航空母舰中唯一的一艘。在服役之初，"企业"号航空母舰隶属大西洋舰队。1965年—1990年，"企业"号航空母舰在夏威夷的太平洋舰队服役。1990年—1994年，"企业"号航空母舰被改造并更换了核燃料，再次回到大西洋舰队服役。

机密档案

编号：CVN-65
舰体大小：长342米、宽40米
飞行甲板大小：长331.6米、宽76米
满载排水量：9.4万吨
最大航速：33.6节
最大续航能力：40万海里

"企业"号

美国历史上叫"企业"号的航空母舰有很多，第二次世界大战时期的CV-6"企业"号，CN-8"企业"号……CVN-65是第八艘用"企业"号命名的航空母舰。

解密经典兵器

环球航行

1964年,"企业"号航空母舰在无须补给的情况下,完成了环球航行。在此次航行中,"企业"号航空母舰与其他两艘核动力巡洋舰组成核动力舰队,历时64天完成了3万多海里的航程。

参与行动

"企业"号航空母舰曾参加过多次军事演习,应付突发事件的能力很强,因此被多次派往敏感地区和多冲突地区。1962年古巴导弹危机时,"企业"号航空母舰曾参与了封锁古巴行动。1963年,"企业"号航空母舰又参与了史无前例的"海轨行动",完成了巡航全球的任务。

"企业"号的灾难

1969年1月14日,"企业"号航空母舰在历经辉煌之后,迎来了一场灾难。"企业"号航空母舰上的一架舰载机排出的高温废气引爆了一枚导弹,从而引发了连锁反应,附近的其他导弹和炸弹也相继被引爆。此次意外导致27人死亡、120人受伤、15架舰载机被毁。

解密经典兵器

"尼米兹"号航空母舰

机密档案

编号：CVN-68

舰体大小：长317米、宽40.8米

飞行甲板大小：长333米、宽76.8米

满载排水量：9.15万吨

最大航速：30节以上

最大续航能力：100万海里

"海上巨兽"

"尼米兹"号航空母舰于1975年5月开始服役,因其"身材"巨大而被人们称为"海上巨兽"。"尼米兹"号航空母舰舰高与30层楼的高度相当,甲板面积相当于三个足球场的面积之和,此后以"尼米兹"号航空母舰为标准建造的航空母舰都被列入"尼米兹"级。

供给能力

"尼米兹"号航空母舰有两座核反应堆,在更换核燃料后,该舰可连续航行13年而无须燃料补给。

解密经典兵器

参加实战

1976年—1979年,"尼米兹"号航空母舰共三次前往地中海地区巡航。2003年4月,为了支援美伊战争,"尼米兹"号航空母舰前往波斯湾,替代"林肯"号航空母舰。

命名原因

"尼米兹"的名字来自第二次世界大战时期的美国海军五星上将切斯特·威廉·尼米兹。1986年,切斯特·威廉·尼米兹去世。为纪念这位伟大的美国海军上将,美国海军以他的名字命名在他去世后建造完成的第一艘航空母舰。

电影取景

1980年,美国上映的科幻电影《核子母舰遇险记》就是在"尼米兹"号航空母舰上取景拍摄的。

"艾森豪威尔"号航空母舰

制定编号

1970年6月29日,"艾森豪威尔"号航空母舰建造计划获得批准并开始建造。该舰原本打算使用的编号为"CVAN-69",后来美国海军为了简化航空母舰的编号,将核动力攻击航空母舰并入航空母舰的类别。后来,"艾森豪威尔"号航空母舰的正式编号定为CVN-69。

弹射装置

"艾森豪威尔"号航空母舰的飞机起飞速率很高,飞行甲板上装有4座供飞机起飞的蒸汽弹射器,弹射率为每20秒钟一架,不到8分钟即可起飞一个飞行中队。

机密档案

编号:CVN-69

舰体大小:长317米、宽40.8米

飞行甲板大小:长333米、宽76.8米

满载排水量:9.15万吨

最大航速:30节以上

最大续航能力:130万海里

解密经典兵器

建造过程

1970年8月15日,"艾森豪威尔"号航空母舰正式开始建造,由于建造时间与"尼米兹"号航空母舰的建造时间相近,因此这两艘航空母舰不管是在外形上还是在性能上都没有太大区别。"艾森豪威尔"号航空母舰于1975年下水,1977年正式服役,隶属于美国大西洋舰队。

移动的海洋要塞
——航空母舰

安全设备

"艾森豪威尔"号航空母舰的双层船体采用高强度钢建造,中间层是水箱和泡沫灭火设备。全舰设有23道水密横舱壁和10道防火舱壁,安全设备十分先进。

解密经典兵器

航母战斗群

"艾森豪威尔"号航空母舰是美国海军第八航空母舰战斗群的成员之一,也是该战斗群的旗舰。航空母舰战斗群的攻击任务一般由舰载机执行,"艾森豪威尔"号航空母舰上的舰载机火力十分强大,除此之外,"艾森豪威尔"号航空母舰还配备有先进、完善的电子设备。

移动的海洋要塞
——航空母舰

缺 点

"艾森豪威尔"号航空母舰虽然攻击能力很强,自卫能力却较弱,因此它需要编队中的其他战舰护航。

解密经典兵器

"卡尔·文森"号航空母舰

命名原因

卡尔·文森是美国知名前国会议员，他很早就提出了核动力航空母舰对夺取制海权、进行海上扩张的重要作用。为了感谢他做出的贡献，美国海军以他的名字命名了"尼米兹"级航空母舰的三号舰。卡尔·文森也成为美国历史上第一位非总统和军方将领，却能以其名字命名航空母舰的人。

移动的海洋要塞
——航空母舰

机密档案

编号:CVN-70
舰体大小:长317米、宽40.8米
飞行甲板大小:长333米、宽76.8米
满载排水量:9.15万吨
最大航速:30节以上
最大续航能力:100万海里

解密经典兵器

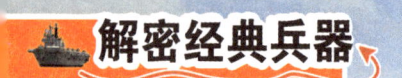

卡尔·文森逝世

1980年,"卡尔·文森"号航空母舰完工下水时,卡尔·文森亲自参加了新船的命名仪式,但他隔年便与世长辞,享年97岁。

移动的海洋要塞
——航空母舰

基本情况

"卡尔·文森"号航空母舰是"尼米兹"级航空母舰的第三艘。该舰于1975年10月11日在纽波纽斯船厂开工建造,1980年3月5日下水,1982年开始服役,隶属于美国海军太平洋舰队。

解密经典兵器

检修改造

1999年7月,美国海军对"卡尔·文森"号航空母舰进行了检修。此次检修历时11个月,耗资2.3亿美元。此次检修不仅更换了燃料,对系统进行了升级,还更换了很多设备。改造后的"卡尔·文森"号航空母舰服役时间大大加长。

辉煌战绩

1986年是"卡尔·文森"号航空母舰最辉煌的一年。在进行了多次军事演习后，8月12日，"卡尔·文森"号航空母舰被派到了白令海地区执行海外任务。此次任务使"卡尔·文森"号航空母舰成为第一艘在白令海执行任务的美国海军航空母舰。

2011年11月11日退伍军人节，一场美国大学篮球赛在"卡尔·文森"号航空母舰的甲板上开赛，美国总统奥巴马和夫人都观看了球赛。

解密经典兵器

"罗斯福"号航空母舰

新的转变

"罗斯福"号航空母舰是"尼米兹"级航空母舰的第四艘。它并没有沿袭前三艘航空母舰的特点,自它开始,"尼米兹"级航空母舰发生了很大的变化。"罗斯福"号航空母舰最大的改进之处就是增加了排水量。

移动的海洋要塞——航空母舰

机密档案

编号:CVN-71

舰体大小:长317米、宽40.8米

飞行甲板大小:长332.9米、宽76.8米

满载排水量:9.64万吨

最大航速:35节

最大续航能力:100万海里

命名原因

西奥多·罗斯福是美国第二十六任总统,同时也是一个海军迷。他在位期间,主张美国要有一支强大的海军,因此美国组建了一支白色舰队。为了纪念西奥多·罗斯福在美国历史上的杰出功绩,美国海军便以他的名字命名了"尼米兹"级航空母舰的四号舰。

服役情况

1986年10月25日,"罗斯福"号航空母舰正式加入美国海军服役。1991年1月12日,"罗斯福"号航空母舰被部署到红海参加海湾战争,其舰载机频繁起落,对伊拉克境内的军事目标进行了轰炸。1999年3月,"罗斯福"号航空母舰到了亚得里亚海湾,参加北约对南联盟的军事行动。

电子设备

美国海军的电子设备一直是世界领先的,而"罗斯福"号航空母舰上安装的电子设备更是种类繁多。

解密经典兵器

"林肯"号航空母舰

排水量

"林肯"号航空母舰虽然是"尼米兹"级航空母舰的第五艘,但是它在排水量上与前四艘航空母舰相比有很大差别。"林肯"号航空母舰是"尼米兹"级航空母舰中首艘排水量超过10万吨的航空母舰。

你知道吗?

1999年,以"林肯"号航空母舰为旗舰的战斗群被评为优秀作战单位,并因为发挥了良好的指挥作用而获得了著名的阿莱·伯克奖。

移动的海洋要塞
——航空母舰

机密档案

编号：CVN-72

舰体大小：长332.8米、宽40.8米

飞行甲板大小：长335.6米、宽77.4米

满载排水量：10.2万吨

最大航速：35节

最大续航能力：100万海里

解密经典兵器

作战行动

在美伊战争中,"林肯"号航空母舰上共起飞战机 16 500 架次,投射弹药近 1000 吨,顺利完成了美军最初对伊拉克的轰炸和空袭任务。

实战表现

1990年9月,"林肯"号航空母舰首次被部署到太平洋地区。次年海湾战争爆发,"林肯"号航空母舰随即前往波斯湾支援美军。此后的十几年里,"林肯"号航空母舰又多次参加战争,被部署到不同地区,并在战争中表现不凡。

解密经典兵器

"华盛顿"号航空母舰

正式服役

1992年,"华盛顿"号航空母舰正式服役。为了一睹其风采,来自美国各地的2000多名达官贵族齐聚诺福克海军基地。在万众瞩目之下,"华盛顿"号航空母舰缓缓驶向大西洋,开始了自己的服役历程。

移动的海洋要塞——航空母舰

机密档案

编号：CVN-73

舰体大小：长317米、宽40.8米

飞行甲板大小：长333米、宽76.8米

满载排水量：10.4万吨

最大航速：35节

最大续航能力：100万海里

载机方案

"华盛顿"号航空母舰可搭载50架—60架"大黄蜂"战斗机。另外，"华盛顿"号航空母舰还可搭载预警机、侦察机、反潜直升机等。

解密经典兵器

服役历程

在完成了大西洋的首次部署后，1996年，"华盛顿"号航空母舰被派到了南斯拉夫参加和平谈判和维和行动。

2001年"9·11"事件发生时，"华盛顿"号航空母舰正在海外进行训练，事件发生后，"华盛顿"号航空母舰迅速返回纽约，对纽约地区进行空中保卫。

移动的海洋要塞——航空母舰

作战能力

以"华盛顿"号航空母舰为核心的战斗群能实施总威力相当于 3 400 颗原子弹爆炸威力的核攻击;全部战斗机出动一次就能把 160 吨战斗负载投射到目标区域。

解密经典兵器

同级比较

"华盛顿"号航空母舰是"尼米兹"级航空母舰的第六艘,与前五艘相比,"华盛顿"号航空母舰的吨位更大,设备更先进,舰载机的数量也更多。

移动的海洋要塞——航空母舰

神圣使命

2008年,"华盛顿"号航空母舰被编入美国海军第七舰队,以取代退役的"小鹰"号航空母舰,以日本神奈川县的横须贺港为母港。"华盛顿"号航空母舰的使命是稳定西太平洋地区的局势,保护西太平洋地区的安全,时刻准备与盟国合作,共同作战,应对任何形式的危机。

解密经典兵器

"斯坦尼斯"号航空母舰

建造历史

"尼米兹"级航空母舰的第七艘是"斯坦尼斯"号航空母舰,它于1991年3月开始建造,1993年11月下水,1995年12月正式服役,隶属于美国海军太平洋舰队。

命名原因

约翰·斯坦尼斯在担任美国参议员时,对美国海军贡献巨大,推动了美国海军计划的实行,被誉为"现代美国海军之父"。正因如此,美国海军以他的名字命名了"斯坦尼斯"号航空母舰。

解密经典兵器

机密档案

编号：CVN-74
舰体大小：长 317 米、宽 40.8 米
飞行甲板大小：长 333 米、宽 76.8 米
满载排水量：10.2 万吨
最大航速：30 节以上
最大续航能力：100 万海里

舰徽

"斯坦尼斯"号航空母舰舰徽的外部轮廓是圆形的，代表了"斯坦尼斯"号航空母舰无须补给原料就可以完成环球航行的任务。七颗星代表了斯坦尼斯在参议院的七次任期，以及"斯坦尼斯"号是"尼米兹"级的第七艘。舰徽内部的老鹰代表着美利坚合众国。

装备

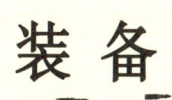

优秀的武器装备赋予了"斯坦尼斯"号航空母舰强大的作战能力，其搭载的舰载机数量和种类可以根据不同情况进行调整。"斯坦尼斯"号航空母舰上有4个蒸汽弹射器和4个飞机升降机，能够为舰载机提供强大的后勤支援和战斗支援。

解密经典兵器

以"斯坦尼斯"号航空母舰为核心的航空母舰战斗群是美国海军在海外的主要军事力量之一，主要作战任务是在全球范围内的军事行动中执行战斗任务。

主要事件

　　1998年,"斯坦尼斯"号航空母舰被派往印度洋的阿拉伯海,参加对伊拉克的禁飞巡逻任务。2001年底,"斯坦尼斯"号航空母舰再次被派往印度洋参加阿富汗战争,在此次战争中连续一百天参加作战。2007年1月,"斯坦尼斯"号前往波斯湾加强美军在中东地区的军事力量。

解密经典兵器

"杜鲁门"号航空母舰

服役历程

作为美国"尼米兹"级核动力航空母舰的第八艘,"杜鲁门"号航空母舰建造于1993年,到1996年时正式下水。1998年,"杜鲁门"号航空母舰被编入美国大西洋舰队,开始正式服役生涯。

"海上钢城"

"杜鲁门"号航空母舰上可装载供三个月海上航行和作战用的油料、淡水、食品和货物,因此被誉为"海上钢城"。

移动的海洋要塞——航空母舰

机密档案

编号：CVN-75

舰体大小：长333米、宽76.8米

飞行甲板大小：长333米、宽76.8米

满载排水量：10.4万吨

最大航速：35节

最大续航能力：100万海里

解密经典兵器

设备完善

"杜鲁门"号航空母舰配备了有害废品处理装置,舰员的床铺全部为轻型模块化设备,而且还专门为女舰员配备了海上专用生活设施。

关键设备

舰载机是航空母舰上的主要武器，航空母舰作为武器运载平台，最关键的两个设备就是供舰载机起降的蒸汽弹射器以及舰载机着舰用的阻拦索。"杜鲁门"号航空母舰上有 4 台蒸汽弹射器，此外还配置有阻拦索和阻拦网。

发电机

"杜鲁门"号航空母舰上装有 4 组 8 000 千瓦发电机和 4 组可提供应急动力的 2 000 千瓦发电机。这些发电机的发电总量相当于纽约市一天的总用电量。

解密经典兵器

"里根"号航空母舰

地位

"里根"号航空母舰是"尼米兹"级航空母舰的九号舰,是进入21世纪后第一艘形成战斗力量的美国航空母舰,以美国第四十任总统里根的名字命名,是第一艘用健在的总统名字命名的航空母舰。

精良的武器

　　与前八艘"尼米兹"级航空母舰相比,"里根"号航空母舰在外形上并无太大改进,但"里根"号航空母舰在总体设计上共有1 300多项重大变化。这些改变让"里根"号航空母舰成为更加精良的武器平台。

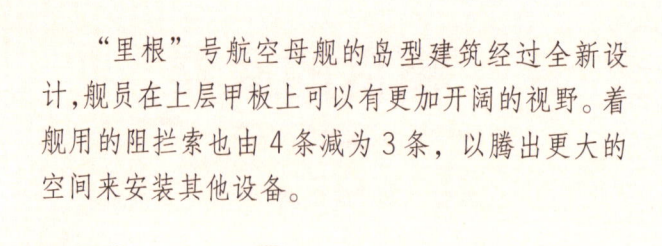

解密经典兵器

"里根"号航空母舰的岛型建筑经过全新设计，舰员在上层甲板上可以有更加开阔的视野。着舰用的阻拦索也由4条减为3条，以腾出更大的空间来安装其他设备。

机密档案

编号：CVN-76

舰体大小：长317米、宽40.8米

飞行甲板大小：长333米、宽76.8米

满载排水量：10.5万吨

最大航速：35节

最大续航能力：100万海里

作战部署

2005年1月4日，按照美国海军最新的作战部署，"里根"号航空母舰驶离加利福尼亚赶赴太平洋，开始承担太平洋地区的美国国家安全任务，并为美国在全球进行的反恐战争提供作战支援。这是美国海军对"尼米兹"级核动力航母进行的首次作战部署。

解密经典兵器

小型社会

从外表看,"里根"号航空母舰不过是一艘长期驻扎在海上的战舰,但事实上,"里根"号航空母舰是个完整的小社会,衣食住行,一应俱全,还有三个教堂,可供有宗教信仰的官兵们祷告。

垃圾处理

对于垃圾的处理,"里根"号航空母舰做得很环保。首先对垃圾分类处理,将能分解的垃圾分解,然后抛向大海;至于不能分解的,就压缩,使垃圾的体积尽可能缩小,然后放在固定的垃圾收集舱,等待靠岸后集中处理。

解密经典兵器

"布什"号航空母舰

"梦中的尼米兹终结者"

"布什"号航空母舰历时八年建造完成,是"尼米兹"级航空母舰的最后一艘,被称为"梦中的尼米兹终结者"。"布什"号航空母舰自2002年得名后,于2003年开始建造,2009年5月11日正式服役。

你知道吗

"布什"号航空母舰的续航能力很强,两座核反应堆可以保证其连续工作20年而不需要添加燃料。

移动的海洋要塞
—— 航空母舰

解密经典兵器

机密档案

编号：CVN-77

舰体大小：长332.8米、宽76.8米

飞行甲板大小：长332.8米、宽76.8米

满载排水量：10.4万吨

最大航速：30节

最大续航能力：100万海里

移动的海洋要塞——航空母舰

世界上最大的军舰

"布什"号航空母舰全舰长超过 332 米,船体吃水线以上的高度足足有 20 层楼那么高,运载的船员不少于 6 000 名,搭载的战机有百余架,满载排水量在 10 万吨以上。虽然体积如此庞大,但这并没有影响其航速,"布什"号航空母舰的航速可达 30 节。

作战能力

"布什"号航空母舰的攻击力十分强大,它不仅可搭载百余架飞机,还拥有多座对空导弹发射系统和近防炮。此外,"布什"号航空母舰还拥有先进的雷达和导航系统,隐身性能也比较出色。

解密经典兵器

历史影响

"布什"号航空母舰是美国海军中承上启下的一艘航空母舰,为未来美国海军的航空母舰建造计划积累了丰富的经验。

自卫能力

"布什"号航空母舰的两舷、舰底和机库甲板都是双层船体结构,舰内密布水道。"布什"号航空母舰水下部分的船体是增厚的,而且有很多个防雷隔舱,安全性极好。

第二章
苏联航空母舰

解密经典兵器

"基辅"号航空母舰

"基辅"级航空母舰

与美国相比,苏联的航母事业发展相当缓慢,直到"基辅"级航母出现,才使苏联走上了正规的航母发展道路。建造于20世纪70年代中期的"基辅"级航空母舰共有4艘,分别是"基辅"号、"明斯克"号、"诺沃罗西斯克"号和"戈尔什科夫"号。

移动的海洋要塞——航空母舰

生不逢时

作为"基辅"级航空母舰的首舰,"基辅"号航空母舰的命运并不顺利。它没有接受战场的实战考验,而且由于苏联解体,"基辅"号航空母舰服役期未满就于1994年退役了。

机密档案

编号:075
舰体大小:长274米 宽53米
飞行甲板大小:长195米,宽20.7米
满载排水量:4.3万吨
最大航速:32节
最大续航能力:13 500海里

解密经典兵器

"海上雄狮"

"基辅"号航空母舰集航空母舰、巡洋舰的作战能力于一身,其战斗力相当于一支特混舰队,这就是苏联航空母舰的独特风格。"基辅"号航空母舰也因此被赞誉为"海上雄狮"。

武器装备

"基辅"号航空母舰上装备了大量武器,它甚至可以单独作战,因为除了舰载机外,舰艇上的强大火力亦能独挡一面。除了导弹发射架外,还有4座76毫米双联自动炮和8座30毫米单管自动炮装备在"基辅"号航空母舰上。

解密经典兵器

"明斯克"号航空母舰

名称来源

作为"基辅"级航空母舰的二号舰,"明斯克"号航空母舰的名称来源于白俄罗斯首府明斯克市。"明斯克"号航空母舰建造于1972年,经过明斯克造船厂全厂工人三年的努力之后,"明斯克"号航空母舰终于下水。

移动的海洋要塞
—— 航空母舰

风光一时

　　正式服役的"明斯克"号航母曾给苏联海军带来了极大的荣耀，因为它结束了苏联在远东地区没有大型主力舰的尴尬处境。而且"明斯克"号航母的母港设在海参崴，这对亚太地区的日本等国来说是极大的威慑，因为此地距日本的距离仅有200多海里。

解密经典兵器

正式服役

1987年，"明斯克"号航空母舰正式服役。很快，"明斯克"号航空母舰被编入太平洋舰队并成为旗舰。然而这样一艘显赫一时的航空母舰，到最后却难逃惨淡退场的命运。1993年，"明斯克"号航空母舰退役，并被辗转卖给了几个国家，最后定居于中国深圳，成为一个军事主题公园。

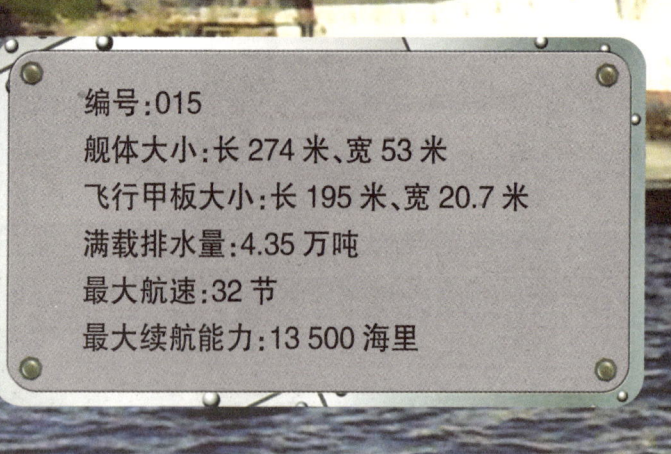

机密档案

编号：015
舰体大小：长274米、宽53米
飞行甲板大小：长195米、宽20.7米
满载排水量：4.35万吨
最大航速：32节
最大续航能力：13 500海里

性能指标

"明斯克"号航空母舰上可搭载 12 架雅克 38 垂直起降战斗机和 19 架卡 27 反潜直升机,前者可以夺取局部制空权,能够配挂 AA-8、AS-17 等空战和对地/海攻击武器,性能与英国"海鹞"战斗机相当;后者则全力打击水下的潜艇,以保证航母战斗群的安全。

解密经典兵器

"库兹涅佐夫"号航空母舰

航母特色

"库兹涅佐夫"号航空母舰与众不同之处就是它是一个奇妙的"混合物":它既有舰队型航空母舰特有的斜直两段甲板,又有轻型航空母舰通用的12°上翘角滑跃式起飞甲板;没有装备弹射器,却可以起降重型固定翼战斗机。

移动的海洋要塞——航空母舰

机密档案

编号:063

舰体大小:长306.3米、宽72米

飞行甲板大小:长304.4米、宽72米

满载排水量:6.5万吨

最大航速:32节

最大续航能力:3 837海里

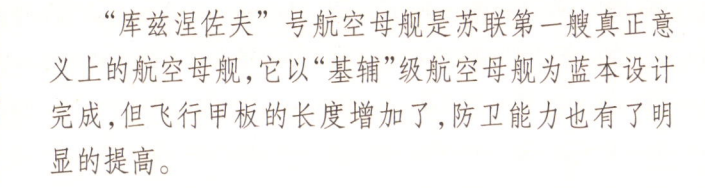

"库兹涅佐夫"号航空母舰是苏联第一艘真正意义上的航空母舰,它以"基辅"级航空母舰为蓝本设计完成,但飞行甲板的长度增加了,防卫能力也有了明显的提高。

解密经典兵器

防卫能力

"库兹涅佐夫"号航空母舰配备大量自卫武器,自身作战能力堪比巡洋舰,综合防御能力比美国的"尼米兹"级大型核动力航空母舰还要强。

"独生子"

苏联解体后,俄罗斯暂时无力建造大型航空母舰,而"库兹涅佐夫"号航空母舰也就成为生不逢时的"独生子"。

第三章
英国航空母舰

解密经典兵器

"无敌"号航空母舰

主力战舰

"无敌"号航空母舰是英国海军特混舰队的核心之一,是英国在第二次世界大战结束后的艰难时期建造的主力战舰。"无敌"号航空母舰的出现,不仅增强了英国海军的作战实力,还鼓舞了英国海军的士气。

机密档案

编号：R05

舰体大小：长209米、宽39米

飞行甲板大小：长167.8米、宽13.5米

满载排水量：2.071万吨

最大航速：28节

最大续航能力：7 000海里

得名原因

英国的"无敌"舰队曾在海上称霸一方，用"无敌"这个名字来命名航空母舰，足以看出英国人对它寄予的厚望。

设计特点

"无敌"号航空母舰以滑跃助飞甲板取代了以往大型航空母舰宽大的斜、直两段飞行甲板和蒸汽弹射装置，是第一艘可以起降固定翼作战飞机的标准排水量在两万吨以下的航空母舰。

解密经典兵器

退役

到了 21 世纪,"无敌"号航空母舰经过了几次大修,但是由于经费不足,它不得不提前退役,结束了 26 年的戎马生涯。

在 1982 年爆发的英阿"马岛海战"中,"无敌"号和"竞技神"号航空母舰搭载的战斗机以无一损毁的战绩击落阿根廷军方 20 架飞机,"无敌"号航空母舰也因此成为英国人心中永远的英雄。

结局

"无敌"号航空母舰曾经无限辉煌,最终却被送上了拍卖会。拍卖会上,"无敌"号航空母舰被拍卖给了土耳其一家拆船厂,被拆毁的"无敌"号航空母舰再无军事价值可言。

解密经典兵器

"卓越"号航空母舰

建造过程

"卓越"号航空母舰是"无敌"级航空母舰的二号舰,于1976年开工建造,并于1982年正式进入英国海军服役。

军事意义

英国是海岛国家,特殊的地理特性决定了航空母舰在国防体系中的重要角色,"卓越"号航空母舰因此在英国海军中占据重要军事地位。

机密档案

编号：R06
舰体大小：长206.5米、宽27.7米
飞行甲板大小：长168米、宽32米
满载排水量：3.26万吨
最大航速：28节
最大续航能力：5 000海里

布局特点

"卓越"号航空母舰上层建筑集中于右舷侧，内部布置有飞行控制室、各种雷达天线、封闭式主桅和前后两个烟囱。"卓越"号航空母舰的机库可容纳20架飞机，机库两端各有1部升降机。

解密经典兵器

构造特点

"卓越"号航空母舰上层的建筑集中于右舷侧,内部布置有飞行控制室、各种雷达天线、封闭式主桅以及前后两个烟囱。"卓越"号航空母舰的机库可容纳 20 架飞机,机库两端各有 1 部升降机。

退役

"卓越"号航空母舰于2014年退役,英军本来有意将其留作纪念舰,以纪念"无敌"号、"卓越"号和"皇家方舟"号三艘"无敌"级航空母舰为英国做出的贡献,后因种种原因,只能将其做拆解处理。

优化改进

1998年,"卓越"号航空母舰进行了为期7个月的前甲板延伸改进,此项工程使"卓越"号航空母舰增加了400多平方米的甲板面积,原"海标枪"的弹药库被改装成"鹞"GR7战斗机的军械舱,这样,"鹞"式战斗机上舰就变得更加方便了。

解密经典兵器

"皇家方舟"号航空母舰

屡次出战

从"皇家方舟"号航空母舰正式服役起，它便为英国的战略利益四处征战。冷战期间，它主要搭载直升机充当"反潜母舰"，屡次作为北约东北方向的特混舰队旗舰，出入北海和巴伦支海，围追堵截要突破斯堪的纳维亚峡湾封锁的苏联潜艇和水面舰艇。

你知道吗？

2010年，冰岛火山爆发导致大批航班取消或拖延，"皇家方舟"号航空母舰奉命起程前往冰岛，接回了滞留在冰岛的英国公民。

移动的海洋要塞——航空母舰

机密档案

编号：R07

舰体大小：长209.1米、宽36米

飞行甲板大小：长208米、宽37米

满载排水量：2.73万吨

最大航速：31节

最大续航能力：7 600海里

解密经典兵器

军事地位

"皇家方舟"号航空母舰起初是以"全通甲板巡洋舰"的名义建造的,它是"无敌"级航空母舰的三号舰,也是英国海军第三艘以"皇家方舟"命名的航空母舰。

"皇家海军之母"

冷战结束后,"皇家方舟"号航空母舰频频介入局部战争,曾在海湾战争中配合美军对伊拉克军队发动空袭,又在 2003 年配合美军扳倒萨达姆政权。因为战功赫赫,"皇家方舟"号航空母舰被誉为"皇家海军之母"。

第四章
其他国家航空母舰

解密经典兵器

法国"戴高乐"号航空母舰

法国海军的旗舰

"戴高乐"号航空母舰是法国拥有的第十艘航空母舰,其命名源自法国著名的军事将领与政治家夏尔·戴高乐。"戴高乐"号航空母舰不仅是法国的第一艘核动力航空母舰,而且还是法国海军的旗舰。

移动的海洋要塞——航空母舰

唯一航母

"克莱蒙梭"号航空母舰退役后,"戴高乐"号航空母舰成为了法国唯一一艘在役的航空母舰。

解密经典兵器

高度自动化

"戴高乐"号航空母舰的作战指挥系统采用STI信息处理技术,可以同时处理来自不同传感器的2 000个目标信息,由它来确定全面的实时战场态势图,并且舰上的SY-TEX战略通信系统能保证航母战斗群可以时时与法国海军总部和法国政府进行联系。

移动的海洋要塞——航空母舰

机密档案

编号：R91
舰体大小：长 261.5 米、宽 31.4 米
飞行甲板大小：长 261.5 米、宽 64.3 米
满载排水量：4.05 万吨
最大航速：30 节
最大续航能力：100 万海里

"海上城市"

"戴高乐"号航空母舰纵向被分割成 13 个密封舱段，包括 1300 多个舱室，在任何时刻，舰上都有 30 个抢修小组待命，以应付不测，堪称一座浮动的"海上城市"。

解密经典兵器

法国"克莱蒙梭"号航空母舰

研发原因

第二次世界大战后,法国海军拥有5艘航空母舰,但使用状况都不是很好,而法国在航空母舰的建造上也掌握了不少先进技术,因此,法国想要在淘汰这些旧航空母舰之前尽快设计出新型航空母舰,即后来的"克莱蒙梭"号航空母舰。

移动的海洋要塞
—— 航空母舰

机密档案

编号：R98
舰体大小：长265米、宽31.7米
飞行甲板大小：259米、宽51.2米
满载排水量：3.278万吨
最大航速：32节
最大续航能力：7 500海里

不断完善

"克莱蒙梭"号航空母舰经历过多次改装，不断完善，整修内容大致包括：改善舰员居住条件，对飞行甲板和起降装置进行调整，安装作战指挥用的内部电视系统，增加"锡拉库斯"卫星通信系统，提高弹射器和升降机的性能等。

解密经典兵器

传统设计

"克莱蒙梭"号航空母舰的设计比较传统,它拥有倾斜角度 8°的斜形飞行甲板、单层装甲机库以及法国自行设计的镜面辅助降落装置。"克莱蒙梭"号航空母舰的烟囱和美国设计的航空母舰一样,位于上部构造之中而与舰岛合二为一。

移动的海洋要塞——航空母舰

"克莱蒙梭"号航空母舰曾经是法国海军的主力,多次执行过作战任务。在海湾战争中,"克莱蒙梭"号航空母舰就在黎巴嫩沿岸负责警戒。

"巨型垃圾"

世界上任何一艘军舰的命运,恐怕都不会像法国的"克莱蒙梭"号这般曲折。这艘曾多次为法国海军建立功勋的航空母舰,由于携带大量对人体有害的石棉物质,居然在退役之后成了万人嫌弃的"巨型垃圾"。

解密经典兵器

意大利"加里波第"号航空母舰

作战能力

"加里波第"号航空母舰既可作为航母编队的指挥舰,又可单独行动。1993年,该舰开始搭载固定翼飞机,制海、制空作战能力进一步提高。

世界上最小的航母

"加里波第"号航空母舰是意大利海军旗下的一艘现役航空母舰,也是意大利海军目前的旗舰。"加里波第"号航空母舰是世界上最小的航空母舰,但其搭载飞机能力和反潜、反舰、防空作战能力都很强。

主要任务

"加里波第"号航空母舰的主要任务是在地中海执行警戒巡逻,扼守和保卫直布罗陀海峡通道,单独或率领特混编队执行反潜、防空和反舰任务,掩护和支援两栖攻击,为运输船队护航,确保海上交通畅通,等等。

解密经典兵器

研发背景

随着现代化高性能潜艇的不断增多,地中海沿岸又出现了导弹舰艇的潜在威胁,意大利海军需要大量的舰载直升机进行海上巡逻,同时也急需能供重型直升机起降的军舰,这是意大利决心研制"加里波第"号航空母舰的根本原因。

机密档案

编号:551
舰体大小:长180米、宽23.8米
飞行甲板大小:长173.8米、宽30.4米
满载排水量:1.337万吨
最大航速:30节
最大续航能力:7 000海里

名字由来

"加里波第"号航空母舰的舰名起源于意大利名将朱塞佩·加里波第。朱塞佩·加里波第毕生致力于意大利统一事业,领导了许多次军事战役,被誉为意大利"建国三杰"之一,又因其在南美洲及欧洲对军事冒险的贡献,赢得了"两个世界的英雄"的美称。

供给齐全

"加里波第"号航空母舰配备了齐全的供给系统,在没有任何外界供给的情况下,其续航力为30天。它的粮食舱总容积为830立方米,冷藏舱的容积为260立方米。

解密经典兵器

意大利"加富尔"号航空母舰

名字由来

"加富尔"号航空母舰的命名是为了纪念意大利19世纪最著名的国务活动家、总理加富尔。加富尔在执政期间一直致力于意大利的统一运动,他在1861年下令组建了皇家海军,这对意大利的海军建设有着划时代的历史意义。

2007年,意大利"加里波第"号航空母舰迎来了它生命中的第22个年头,也就是在这一年,它即将退役,而接替它成为意大利新的海上主力的,就是在当时刚刚下水不久的"加富尔"号航空母舰。

研制计划

1998年初,意大利国防委员会批准了建造新型多用途航空母舰的计划。意大利海军对于这次新型航空母舰的研制提出了很多要求。例如新型航空母舰要比"加里波第"号航空母舰性能更为先进,作战半径更大,还能起降"联合打击战斗机",等。

机密档案

编号:550
舰体大小:长244米、宽39米
飞行甲板大小:长220米、宽34米
满载排水量:3万吨
最大航速:28节
最大续航能力:7 000海里

解密经典兵器

分段建造

"加富尔"号航空母舰采用了分段建造的新方法,由泛安科纳造船公司的两个船厂分别承担它的建造工作。一个船厂负责70米长船艏的建造,另一个船厂负责船舯和船尾部分的建造,在建造完成之后,再移至意大利西北部的热那亚州进行舾装。

联手合作

"加富尔"号航空母舰建造时,意大利海军积极引进先进技术,与多方联手合作。阿莱亚水下系统公司负责研制对抗组件和发射系统,法国舰艇建造局负责开发分类和战术软件,汤姆森·马可尼声呐系统公司负责发展水声传感器和探测子系统。

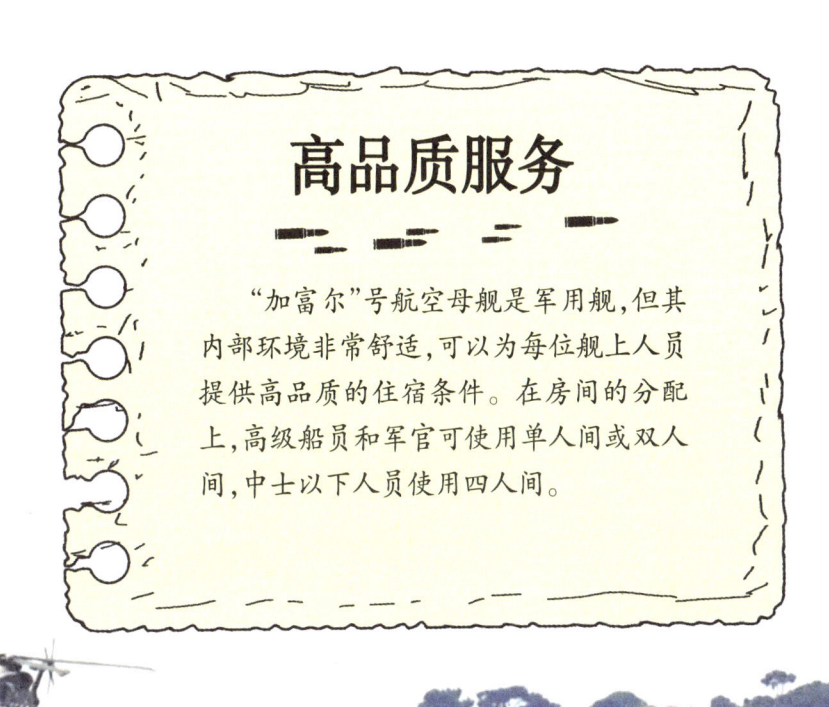

高品质服务

"加富尔"号航空母舰是军用舰,但其内部环境非常舒适,可以为每位舰上人员提供高品质的住宿条件。在房间的分配上,高级船员和军官可使用单人间或双人间,中士以下人员使用四人间。

解密经典兵器

印度"维拉特"号航空母舰

前世今生

"维拉特"号航空母舰的前身是英国皇家海军"竞技神"号航空母舰。1986年,印度从英国购买了"竞技神"号航空母舰,在对"竞技神"号航空母舰进行改装优化后,将其命名为"维拉特"号航空母舰,并将其编入印度海军。

机密档案

编号:R22
舰体大小:长226.9米、宽27.4米
飞行甲板大小:长225米、宽32米
满载排水量:2.87万吨
最大航速:28节
最大续航能力:6 500海里

多次改装

印度海军对"维拉特"号航空母舰进行了多次改造。1993年9月更换了新式搜索雷达;1999年到2001年升级了推进系统和通信系统,还换装了传感器、远程搜索雷达、武器系统等;2003年进入干船坞维修,并加装了以色列生产的"巴拉克"防空导弹垂直发射系统。

解密经典兵器

作战能力

"维拉特"号航空母舰有宽 49 米的直通型飞行甲板，12°的滑翘角使垂直/短距起降战斗机能在较短的距离内滑跃升空。飞行甲板上共设有 7 个直升机停机区，可供多架直升机同时起降。舰上装有 2 座四联装舰空导弹发射装置，可发射"海猫"舰空导弹。

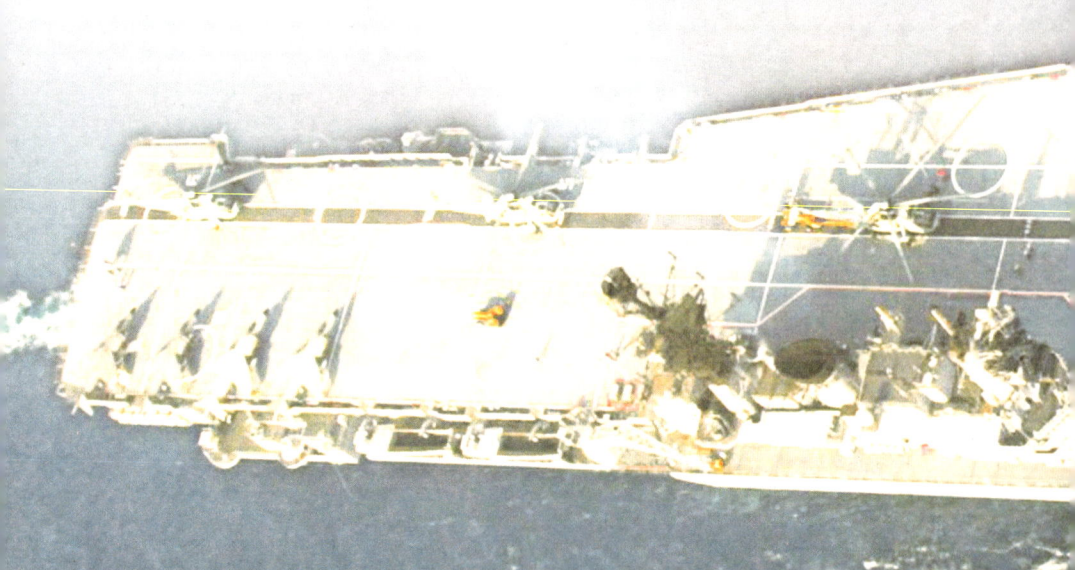

武器装备

"维拉特"号航空母舰的武器装备包括 2 架高射炮、2 架机炮、8 枚舰空导弹、8 座鱼雷发射器、2 座诱饵发射器、"海猫"防空导弹等，此外还包括对空搜索雷达、航海雷达和火控雷达等。

购买原因

由于自建航空母舰的难度越来越大，为了确保"双航母编队"或"三航母编队"的战略部署，印度很可能是出于无奈才决定购买"竞技神"号航空母舰的。

西班牙"阿斯图里亚斯亲王"号航空母舰

建造背景

1967年,西班牙海军向美国租借了二战老航空母舰"迷宫"号,后于1973年正式买入。但后来"迷宫"号航空母舰的性能已不能满足西班牙海军的需要,于是,建造新型航空母舰的计划被提上了议事日程。

移动的海洋要塞——航空母舰

机密档案

编号:R11
舰体大小:长195.5米、宽24.3米
飞行甲板大小:长175.3米、宽29米
满载排水量:1.69万吨
最大航速:27节
最大续航能力:6 500海里

解密经典兵器

应急动力装置

为了弥补动力系统可靠性低的弱点,"阿斯图里亚斯亲王"号航空母舰在舰中部安装有两台可收放的应急动力装置,可以在紧急时提供动力。

储君封号

西班牙"阿斯图里亚斯亲王"号航空母舰是西班牙海军已退役的航空母舰,也是西班牙历史上的第三艘航空母舰,舰名来自西班牙储君的封号。

设计蓝本

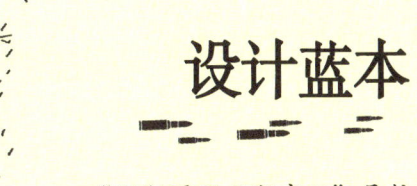

"阿斯图里亚斯亲王"号航空母舰由西班牙国营的巴赞公司费罗尔船厂建造。它是以美国的"制海舰"计划为设计蓝本的,于1977年完成设计。

图书在版编目(CIP)数据

移动的海洋要塞：航空母舰／崔钟雷主编. --长春：吉林美术出版社，2013.9（2022.9重印）
（解密经典兵器）
ISBN 978-7-5386-7898-7

Ⅰ. ①移… Ⅱ. ①崔… Ⅲ. ①航空母舰－世界－儿童读物 Ⅳ. ①E925.671-49

中国版本图书馆 CIP 数据核字（2013）第 225141 号

移动的海洋要塞：航空母舰
YIDONG DE HAIYANG YAOSAI: HANGKONG MUJIAN

主　　编	崔钟雷
副 主 编	王丽萍　张文光　翟羽朦
出 版 人	赵国强
责任编辑	栾　云
开　　本	889mm×1194mm　1/16
字　　数	100 千字
印　　张	7
版　　次	2013 年 9 月第 1 版
印　　次	2022 年 9 月第 3 次印刷

出版发行	吉林美术出版社
地　　址	长春市净月开发区福祉大路5788号 邮编：130118
网　　址	www.jlmspress.com
印　　刷	北京一鑫印务有限责任公司

ISBN 978-7-5386-7898-7　　定价：38.00 元